RECHERCHES

SUR LA

QUALITÉ ÉLECTRIQUE DU SANG,[1]

PAR

F.-Aug. DURAND (de Lunel),

MÉDECIN DES HÔPITAUX MILITAIRES.

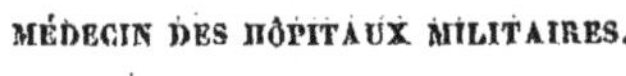

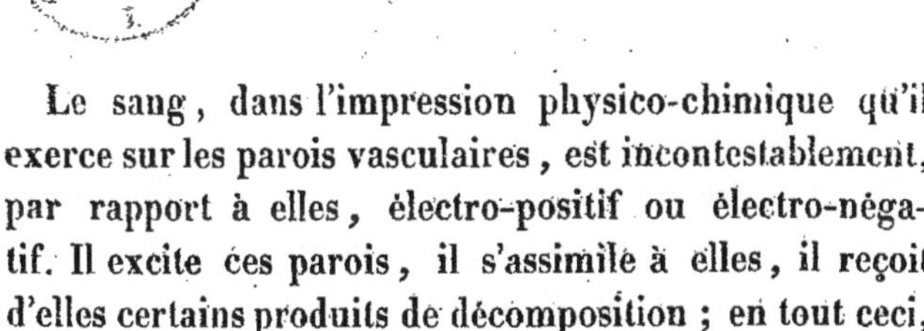

Le sang, dans l'impression physico-chimique qu'il exerce sur les parois vasculaires, est incontestablement, par rapport à elles, électro-positif ou électro-négatif. Il excite ces parois, il s'assimile à elles, il reçoit d'elles certains produits de décomposition ; en tout ceci, sang et tissus, corps matériels de nature différente, ont chacun certainement leur polarité électrique propre.

Nous ne voulons pas discuter ici si, pour que se fassent l'excitation sanguine, l'assimilation et la désassimilation, il faut autre chose, de la part du sang et des tissus, que des influences réciproques électriques ; nous ne voulons seulement que chercher à déterminer l'espèce d'électricité que possède le sang dans ces trois actes, c'est-à-dire dans son impression physico-chimique.

Dans un ouvrage publié il y a peu de temps [2], nous

(1) Mémoire envoyé à l'Académie des Sciences le 15 mars 1844. — Lu à la Société médicale d'Émulation de Lyon, en février même année.

(2) Nouvelle théorie de l'action nerveuse et des principaux phénomènes de la vie. Paris, 1843.

avons cru devoir reconnaître au sang la qualité électro-positive. Nous nous sommes éclairé, pour avoir le droit d'émettre notre opinion, de quelques faits directs connus dans la science, mais jusques là restés isolés et sans conséquence physiologique, et de quelques démonstrations théoriques qui nous sont propres. Nous ne savons pas si nous avons porté la conviction dans les esprits; mais comme la solution d'un pareil problème, à en juger par les conséquences que nous avons tirées dans notre travail, nous semble d'une importance fondamentale en physiologie, et comme elle ne saurait ressortir de trop de faits, nous allons la poursuivre encore par de nouvelles démonstrations et donner, s'il le faut, plus de rigueur à quelques-unes de celles que nous avons déjà produites.

Nous ne ferons que rappeler que, pour exalter notre proposition, nous nous sommes appuyé, 1° sur des expériences directes de Bellingeri reconnaissant, en général, une tension électro-positive au sang artériel et une tension électro-négative au sang veineux, et reconnaissant le sang plus électro-positif dans les inflammations que dans l'état normal; 2° sur la considération de l'état alcalin du sérum du sang; 3° sur des expériences de M. Dutrochet et d'Hornbeck constatant que les globules rouges se rendent au pôle négatif, quand des molécules blanches gagnent le pôle positif de la pile; 4° sur les particularités de la formation d'un oxide et de la réduction d'un carbonate en oxide dans l'acte d'hématose et de la reconstitution du même sel dans l'acte de nutrition; 5° sur les phénomènes d'endosmose s'exécutant dans l'acte nutritif; 6° sur la considération de la température du sang comparée à celle de l'atmosphère; 7° enfin, sur les conclusions à tirer des expériences de W. Edwards concernant la caloricité.

Nous donnerons maintenant une nouvelle extension à notre solution, quelquefois encore en rappelant simplement les démonstrations de savants recommandables, d'autres fois en raisonnant et en concluant nous-même sur le concours de plusieurs prémisses avérées par l'observation ou par l'expérience, et enfin en prévenant les objections que pourrait essuyer notre proposition.

I.

L'application directe de la chaleur sur les fibres incitables du cœur, alors que cet organe, ayant été séparé du corps, ne bat presque plus ou vient de cesser ses mouvements, produit les mêmes phénomènes que l'application normale du sang, elle active et réveille même les contractions de l'organe. C'est ce qui ressort d'une observation de Bâcon et des expériences multipliées de Harvey, Haller, Sénac, Langrish, Boyle, Whitt, de Humbold, etc. Or, la chaleur exerce sur les conducteurs une influence directe électro-positive. Laissons, sur ce dernier point, parler M. Becquerel, en conclusion de ses expériences dans les phénomènes thermo-électriques :

« Lorsqu'un fil de métal non-oxidable ou une suite de particules (1) *a*, *a'*, *a''*, *a'''*, etc., liées entre elles par la force d'aggrégation, est mis en contact par l'une de ses extrémités *a* avec une source de chaleur *b* d'une nature quelconque, à l'instant où la chaleur commence à

(1) 
— + — + — + — + — +
b *a* *a'* *a''* *a'''* *a''''*

se propager dans le fil, cette extrémité prend l'électricité positive, tandis que l'électricité négative retourne vers la source; mais a' recevant de la chaleur de a par rayonnement, puisque la chaleur se transmet de particule à particule, et a'' de a', ainsi de suite, la seconde particule qui s'échauffe aux dépens de la première, prend à celle-ci, à chaque instant, de l'électricité positive et lui transmet de l'électricité négative, jusqu'à ce que l'équilibre de température soit rétabli entre elles. (*Éléments d'électro-chimie*, p. 40.) »

Si, d'après la théorie thermo-électrique exposée par M. Becquerel, la chaleur se comporte comme un agent électro-positif, si, d'après les faits cités plus haut, elle exalte l'incitabilité du cœur, si l'on n'obtient pas le même effet par l'application du froid qui provoque un courant électrique en sens inverse de celui qui résulte de l'application de la chaleur, enfin, si l'électricité peut exciter les contractions du cœur encore quarante minutes après la mort, ainsi que l'ont vu Vassali-Randi, Giulio, Rossi et M. de Humbold, n'est-il pas à croire que le sang, qui est l'excitateur normal du cœur, s'exerce électriquement comme l'agent excitant, chaleur, et non comme l'agent sédatif, froid ?

II.

Si, d'un côté, Davy (1) a reconnu que les graines des végétaux germent beaucoup plus vite dans l'eau électrisée positivement que dans celle qui contient le principe opposé, d'un autre côté, M. Becquerel a

(1) Eléments de Chimie agricole, tome I, p. 44; traduct. franç.

reconnu que l'influence des acides nuit essentiellement à la végétation, tandis que celle des alcalis la favorise notablement. L'analogie pourrait s'étendre ici à la végétation de l'animal, et donner dès lors à penser que l'excitant de cette végétation a plutôt la qualité des alcalis que celle des acides, c'est-à-dire est électro-positif. Mais l'on peut aller plus loin encore : 1° Constater, avec M. de Humbold (1), que l'application des alcalis facilite, en effet, l'incitabilité nerveuse de l'animal dans les phénomènes galvaniques, tandis que celle des acides la contrarie ; 2° rappeler qu'en thérapeutique, les acides administrés à doses non-caustiques, sont des tempérants de l'action nervoso-sanguine, et que même c'est un acide, l'acide hydrocyanique, qui est le premier, le plus énergique des sédatifs. Ainsi, il sera plus rationnel d'attribuer au sang la qualité électrique des alcalis que celle des acides.

III.

Nous avons rappelé ailleurs (2) que Grapen-Giesser, Ritter, Marianini, avaient reconnu un pouvoir plus excitant à l'électricité positive qu'à l'électricité négative, que Ritter avait même trouvé en celle-ci un pouvoir déprimant et frigorifique.

Si le sang agit donc comme l'agent électro-positif chaleur, et non comme l'agent électro-négatif froid, s'il agit comme les corps électro-positifs alcalis, et non comme les corps électro-négatifs acides, s'il agit enfin plutôt comme l'électricité positive que comme l'électri-

(1) Expériences sur le Galvanisme, p. 162 ; trad. franç.

(2) Loco citato, p. 85.

cité négative des machines, ne faudra-t-il pas plutôt lui attribuer la première que la seconde de ces électricités?

Nous ne présentons ces trois propositions que comme des arguments d'analogie. Entrons dans l'exposition de quelques arguments plus directs tirés de l'examen de la nature chimique du sang et puis de l'examen de ses diverses modifications normales.

IV.

L'eau, parmi les corps de la nature, est la substance indifférente par excellence; elle ne joue pas directement le rôle de base ni celui d'acide, elle reçoit en elle les substances étrangères sans en altérer la qualité. Or, comme le fait remarquer Burdach (1), si le rapport de l'hydrogène à l'oxigène est dans l'eau de 1 à 8 (11,09 : 88,91), il est, d'après les analyses de Michaelis, de 1 à 3 (7,650 : 23,575) dans le sang ; à quoi, en continuant le raisonnement de Burdach, il faut ajouter l'azote et surtout la grande quantité de carbone, pour donner à la substance du sang la prédominance électro-positive, alors que l'oxigène est le corps électro-négatif de la combinaison. Voici, du reste, le résultat de l'analyse de Michaelis (2), terme moyen pour le sang artériel et le sang veineux ;

Carbone 52,015, azote 16,760, hydrogène 7,650, oxigène 23,575.

Le sang, même en faisant abstraction de ses éléments alcalins, serait donc plus électro-positif que la subs-

(1) Traité de Physiologie, tome VI, p. 49; trad. franç.
(2) Schweigger, journal fuer chimie, t. III, p. 94.

tance indifférente eau. Rigoureusement parlant, il constituerait ainsi un liquide électro-positif dans l'échelle générale des corps.

V.

La proportion des éléments médiats remarquée dans l'ensemble se maintient à peu près dans chacun des matériaux essentiels du sang, l'albumine, la fibrine et l'hématosine. Mais nous ferons remarquer, d'après l'analyse suivante de Michaelis, que la prédominance électro-positive doit s'accroître, en eux, du corps connu pour être le moins excitant, au corps connu pour l'être le plus.

	Carbone.	Azote.	Hydrogène.	Oxigène.
Albumine,	52,831	15,533	7,176	24,460.
Fibrine,	50,907	17,427	7,741	23,925.
Hématosine,	52,307	17,322	8,032	22,339.

VI.

Entendons-nous maintenant sur les propriétés de ces trois principes immédiats, essentiels.

L'albumine, parmi eux, joue tantôt le rôle de base et tantôt celui d'acide (*M. Denis*) ; ainsi, elle paraîtrait en thèse générale indifférente. Quand elle est dissoute dans le sérum, elle l'est toutefois à la manière d'un acide, à la manière d'un corps électro-négatif, paraissant former dans ce liquide alcalin, d'après Berzelius, un albuminate de soude.

La fibrine et l'hématosine composent les globules, corpuscules arrondis tenus en suspension dans le sérum alcalin, pouvant plus difficilement s'y dissoudre, et constituant la partie la plus excitante du sang.

A l'inverse de l'albumine, comme le fait observer Burdach (1), la fibrine se dissout bien dans les acides et très difficilement dans les alcalis, n'a pas d'affinité pour les métaux ni pour leurs oxides et décompose le deutoxide d'hydrogène, en lui attirant par action catalytique (*Berzelius*), son oxigène; enfin, on le sait déjà, d'après l'analyse de Michaelis, elle contient moins d'oxigène et un peu plus d'hydrogène que l'albumine. La fibrine serait donc électro-positive, par rapport à cette dernière substance.

« C'est l'hématosine, dit Burdach, qui est le plus pesant des éléments du sang, qui brûle le plus faiblement et qui, en brûlant, donne le moins de gaz, mais aussi le plus d'hydrogène; de sorte que c'est elle qui contient le plus de cette dernière substance, dont il y a moins dans le sang que dans tout autre liquide. L'analyse n'a point confirmé qu'elle soit fort riche en carbone,...... mais elle a démontré que la nature basique prédomine en elle, car elle a fait voir qu'elle est, de tous les matériaux du sang, celui qui contient le moins d'oxigène. »

Il s'agirait de savoir si, en réalité, l'exercice de la pile confirme les considérations précédentes. M. Dutrochet, soumettant une petite quantité de sang à l'action des deux pôles, a bien vu des globules rouges se rendre au pôle positif et des molécules blanches gagner le pôle négatif, et a bien conclu de là que l'hématosine était électro-positive et la fibrine électro-négative; Hornbeck,

(1) Loco citato, t. VI, p. 66.

en Allemagne, a bien obtenu les mêmes résultats; mais, il faut le dire, Muller (1) n'a pas cru devoir tirer les mêmes conclusions d'expériences qui lui sont propres. Nous allons apprécier le fort et le faible des conclusions du physiologiste prussien, et déduire de ses expériences même que l'hématosine est électro-positive, que l'albumine est électro-négative, et que la fibrine tient le milieu entre les deux.

Muller ayant vu un coagulum albumineux se former au pôle positif, ce qui n'était pas observé au pôle négatif, a prouvé que cet effet était dû à cette double circonstance, que dans une goutte de sang soumise à l'action de la pile, les acides des sels décomposés se portent au pôle positif et y font coaguler l'albumine, tandis que les alcalis, qui ont la propriété de dissoudre cette substance, se portent au pôle négatif. Mais, pour la fibrine, le physiologiste allemand l'a vue répandue également sur toute la nappe du liquide, d'où, sans rien décider sur l'albumine, il a conclu que la fibrine n'était pas électro-négative, à l'inverse de ce qu'en avait dit M. Dutrochet.

Relativement à l'albumine, nous aurons bientôt le droit d'émettre notre opinion. Quant à la fibrine, nous ne pouvons que nous rendre aux raisons de Muller; mais nous ne partageons plus sa manière de voir en ce qui concerne l'hématosine, à laquelle il conteste la qualité électro-positive; car, ainsi que nous allons le voir, le résultat même de ses expériences infirme sa conclusion :

« J'ai obtenu, dit-il, des résultats différents selon

(1) Traité de Physiologie de Burdach, t. VI, p. 148, trad. franç. par Jourdan.

que je fermais la chaîne avec les fils de cuivre eux-mêmes ou que j'ajoutais à celui du pôle zinc, qui s'oxide fortement, un bout de fil de platine, pour mettre hors de jeu l'oxidation du cuivre. Dans le premier cas, les phénomènes ont été différents de ceux décrits par M. Dutrochet; dans le second, ils ont été les mêmes. »

Eh! bien, dans *le premier cas*, Muller dit que la matière colorante se coagulait de suite avec de l'albumine autour du pôle positif, mais il avoue que le *caillot rouge était distendu de plus en plus par de nouveaux caillots d'albumine, caillots gris-blancs, allant occuper le centre de l'onde du pôle en question, et refoulant ainsi de dedans en dehors la partie colorée.* Or, nous le demandons, si de la matière colorante est présente dans le premier dépôt formé au pôle positif, et ne paraît plus dans les subséquents, qui le chassent, ne faut-il pas attribuer le premier effet à ce que cette matière s'est trouvée d'abord surprise, englobée par de l'albumine, qui se concrétant rapidement, l'a empêchée de se porter ailleurs? ne faut-il pas attribuer le second à ce que les dépôts subséquents n'ont plus, en se formant, trouvé dans leurs sphères d'action, c'est-à-dire dans la sphère d'action du pôle positif, d'hématosine à englober? En effet, pourquoi n'y a-t-il plus d'apparence d'hématosine dans le second cas, elle qui pourtant est insoluble, comme l'albumine, sous l'action des acides formés au pôle positif? C'est évidemment parce qu'elle s'est portée ailleurs, c'est-à-dire au pôle négatif, où elle se dissout, d'après Muller lui-même, sous teinte rosée, par l'influence des alcalis des sels décomposés à ce pôle.

Dans le second cas, le physiologiste de Berlin, quoiqu'ayant obtenu les mêmes résultats que M. Dutrochet, contredit pourtant la conclusion de ce dernier. Voyons s'il est plus heureux. Il a vu le centre de l'onde du pôle positif moins rouge que le centre de l'onde du pôle négatif. Cet aveu est déjà précieux ; car si le fait offre une preuve physique qu'il y a plus de matière colorée au pôle négatif qu'au pôle positif, cette preuve est singulièrement corroborée par cette considération chimique, que les alcalis des sels décomposés se portant au pôle négatif ont la propriété de dissoudre l'hématosine ; de sorte que dès l'instant que le liquide où l'hématosine est dissoute, est plus coloré que le liquide où elle est suspendue, il faut nécessairement admettre que le premier de ces liquides est infiniment plus chargé d'hématosine que le second. Mais Muller, remarquant que le bord de chaque onde est plus coloré que le centre, en infère que la matière colorante s'éloigne des deux bords. Sa conclusion n'est pas rigoureuse. Certes, la matière colorée de l'onde du pôle positif ne peut, elle, que s'éloigner du centre, car n'étant pas susceptible de s'y dissoudre et, au bout d'un certain temps n'y étant plus apparente, elle n'y est nécessairement plus. Mais on ne peut pas en dire autant de celle de l'onde du pôle négatif, car celle-ci doit s'y dissoudre sous une teinte rosée. Dans ce cas, les bords seront nécessairement plus rouges que le centre, vu que c'est aux bords que les alcalis dissolvants sont le moins concentrés ; mais l'on ne pourra pas dire que la matière colorante des bords fuit le centre, du moment que l'on voit le centre toujours coloré par la solution de cette matière, et, chose extrêmement remarquable, ainsi qu'il a été dit plus haut, plus coloré que le centre de l'onde du pôle positif.

En résumé, il résulte, non des conclusions, mais des

expériences de Muller, que l'albumine, se portant toujours au pôle positif, où elle va former des dépôts *successifs*, est électro-négative; que l'hématosine, d'abord englobée et entraînée par l'albumine vers le pôle positif, puis s'en dégageant, et, du reste, toujours présente au pôle négatif, est électro-positive, et que la fibrine, également répandue sur tous les points de la nappe de sang soumise à l'action de la pile, est indifférente.

De cette comparaison des trois principaux éléments du sang, nous aurons à conclure que leur qualité électro-positive est graduée selon leur pouvoir excitant connu sur les parois vasculaires; d'où il est vrai de dire que l'impression de laquelle provient, dans le conflit du sang et de ses parois, l'excitation normale, coïncide avec une influence impressive électro-positive.

Ceci ne veut pas dire que tout corps électro-positif puisse remplacer, comme excitant normal, l'hématosine; ainsi que nous l'avons exprimé dans la *Nouvelle théorie de l'action nerveuse*, il faut reconnaître, d'après les faits physiques et surtout chimiques, des affinités spéciales, ou, si l'on veut, des spécialités dans l'électricité (1), et, par conséquent, dans le sang, un exci-

(1) Au point de vue de nos théories physiologiques, le terme *électricité* a été pris dans un sens abstrait, représentant l'idée de tout fluide émanant de la matière et présidant à des collisions attractives et répulsives *matérielles*. Comme en physique, l'électricité du zinc n'a pas exactement les caractères de l'électricité du verre, comme en chimie il existe des affinités *électives*, comme le chlore, par exemple, attire mieux certains corps électro-positifs que l'oxigène, etc., etc. Il faut tenir compte aussi en physiologie des affinités spéciales ou électives entre les divers agents matériels d'impression; d'un côté les divers nerfs, de l'autre les divers corps impressifs. C'est par là seulement que peuvent se concevoir les spécialités d'excitation, de sédation, de sensations, de sécrétions, d'absorption, de propagation et de maladies. L'idée d'électricité ainsi considérée n'est donc

tant propre ou normal. Mais il suffit ici de voir que l'excitant normal a la qualité électro-positive.

VII.

Maintenant, il faut le dire, ce n'est pas seulement de carbone, d'azote, d'hydrogène et d'oxigène qu'est composée l'hématosine; elle contient aussi du fer, que Berzelius, M. Lecanu et autres chimistes considèrent comme son élément principal. En thérapeutique, en effet, outre que le traitement par le fer provoque dans le sang la formation d'une plus grande quantité d'hématosine, il active et régularise encore d'une manière bien évidente, la fonction vasculaire sanguine.

Il faut dire encore que cette hématosine ferrugineuse, rouge dans le sang artériel, jouit du pouvoir excitant, tandis que, brune dans le sang veineux, elle a considérablement perdu de ce pouvoir ; c'est au point que, si elle passe brune dans les artères, elle y devient impropre à l'entretien de la vie.

Eh bien ! voyons si, d'après la théorie la plus rationnelle, on peut concevoir que, par sa seule essence ferrugineuse, l'hématosine puisse être plus électro-positive dans le sang artériel, et moins électro-positive dans le sang veineux, double circonstance qui se lierait ici avec son *minimum* , et là avec son *maximum* de pouvoir excitant.

autre que celle de l'attraction prise dans toutes ses phases et ses variétés. Rappelons toutefois que nul conflit ne s'exerce entre deux corps quelconques sans développement de l'électricité proprement dite, c'est-à-dire, sans que l'un joue le rôle de corps électro-positif et l'autre celui de corps électro-négatif : d'où l'électricité sera toujours active dans les nerfs, quoique pouvant être spécialisée, selon la diversité des conflits matériels.

Posons d'abord quelques faits, desquels doivent découler nos conclusions :

D'après les analyses de M. Lecanu, les cendres de l'hématosine sont constituées par du fer et de l'oxide de fer (7,1 de métal pour 10,0 d'oxide).

Parmi les oxides de fer, le peroxide, qui est le seul coloré en rouge et qui, à l'état d'hydrate, est d'un rouge vif, a la plus grande affinité, pour l'acide carbonique : avec celui-ci, il peut se transformer d'emblée en ce corps brun-rouge, appelé rouille, oxide brun, sous-sesqui-carbonate de fer, qui est composé de sous-carbonate de peroxide et de carbonate de protoxide, lesquels sont, eux-mêmes, réductibles en hydrate de peroxide à une certaine température, au contact de l'oxigène et de l'eau, sous une influence électrique, etc.

Dans l'acte respiratoire, il s'introduit dans le sang de l'oxigène et il s'en échappe de l'acide carbonique.

Dans l'acte de nutrition il y a des tissus au sang, un passage d'acide carbonique, produit de toute décomposition animale au premier degré, et du sang aux tissus un passage d'oxigène.

Quel pourra être le résultat de tout cela ?

1° Dans l'acte respiratoire, formation de l'hydrate (rouge vif) de peroxide de fer par l'action de l'oxigène et de l'eau sur le fer ou sur les composés de fer provenant du chyle, et sur le fer carbonaté de l'hématosine veineuse, lequel perd alors son acide carbonique (1). 2° Dans l'acte nutritif, cession de la part de cet hydrate de pe-

(1) Dans un mémoire sur les lois du mouvement vital qui doit faire suite à celui-ci, nous apprécierons en ceci une influence très-active, celle d'une action électrique inhérente à l'innervation.

roxide d'une partie de son oxigène aux matières organiques ; en échange de cet oxigène, cession de la part de ces matières de leur acide carbonique aux corps ferrugineux restant dans le sang ; par tout cela, formation du mélange naturel (brun rouge) de proto-carbonate et de sous-sesqui-carbonate de fer (1).

Voilà maintenant notre solution toute trouvée : le peroxide de l'hématosine artérielle, en qualité d'oxide basique susceptible de se combiner avec les acides, notamment avec l'acide carbonique (M. Soubeyran, M. Longchamp), est plus électro-positif que le sel neutre carbonate de protoxide qui, avec le sous-sel, sous-carbonate de peroxide moins électro-positif aussi que le peroxide, ferait partie de l'hématosine veineuse (2).

(1) Liebig (Chimie organique appliquée à la physiologie, p. 175, trad. franç.) expose une théorie des changements de coloration du sang dont la nôtre est l'analogue ; mais, pour lui, c'est seulement en carbonate de protoxide que se transforme l'hydrate de peroxide de l'hématosine artérielle. Nous ferons remarquer que le carbonate de protoxide, loin d'être brun rouge, est blanc et ne devient coloré qu'à mesure qu'il est mis en contact avec l'air qui, dès-lors, lui donne de nouveaux degrés d'oxidation, provoquant ainsi le mélange naturel de carbonate de protoxide et de sous-carbonate de peroxide qui constitue la rouille. Du reste, la théorie de Liebig, étant adoptée, ne changerait rien à nos conclusions relativement aux qualités électriques des deux hématosines.

(2) Nous devons cependant le dire, la présence du fer n'est pas immédiatement reconnue dans le sang par les réactifs ordinaires qui la font reconnaître dans un liquide inorganique. De là, Berzélius et M. Lecanu ont considéré le fer comme étant, dans le sang, à l'état métallique. Toutefois M. Henry Rose a dit qu'un grand nombre de matières organiques ont la propriété, lorsqu'on mêle leur solution aqueuse avec une certaine quantité d'un sel ferrique, de le dérober aux réactifs. Berzélius n'a pas reconnu cela par les moyens artificiels ; mais cet insuccès ne prouve pas qu'il ne puisse exister certaine substance organique jouissant à l'égard des oxides ou des sels ferriques de plus d'affinité que les réactifs connus. Il est certes plus rationnel de croire cela que de croire qu'un métal aussi

VIII.

Nous savons que Bellingeri [1] avait reconnu une tension électro-positive au sang artériel pris en masse, tension s'exagérant dans les cas d'inflammation, c'est-à-dire d'excitation sanguine : il est certes du plus haut intérêt de rechercher d'où provient cette tension et si elle concerne la partie excitante du sang, le globule.

Read [2], le premier, a observé qu'une atmosphère électrisée positivement devient électrisée négativement lorsqu'elle est altérée par la respiration des animaux. Si le corps cède de l'électricité négative à l'atmosphère par l'acte en question, il est clair qu'il tend par là à garder un excès d'électricité positive.

Comment l'acte respiratoire peut-il amener ces effets? Les lois d'électro-chimie nous jetteront sur ce point une vive lumière.

1° Tout acide, en se dégageant d'une composition, emporte avec lui de l'électricité négative pour laisser de l'électricité positive en excès au corps dont il se sépare (M. Pouillet, M. Becquerel).

Voilà que l'acide carbonique expulsé dans l'acte respiratoire, en emportant avec lui l'électricité négative reconnue par Read, fait qu'il reste un excès d'électricité positive au sang et notamment à la partie du sang abandonnée par lui.

oxidable que le fer ne s'oxide pas dans le sang, où il est incessamment en contact avec l'eau et sous l'influence d'une température de 36°, où il reçoit l'impression régulière de l'oxigène de l'air, et surtout, ainsi que nous allons le démontrer dans le paragraphe suivant, où il reçoit dans l'expiration une tension électro-positive due à la perte que fait le sang de son acide carbonique et de son eau de transpiration.

(1) Experimenta in electricitatem sanguinis, p. 15-18.

(2) Transact. philosoph., année 1794, t. II, p. 266.

2° Dans les combinaisons de l'oxigène, l'oxide formé manifeste une tension électro-positive, et la partie du combustible non oxidée une tension électro-négative (M. Pouillet).

Voilà que la partie du sang avec laquelle se combine l'oxigène dans l'inspiration, prend une tension électro-positive, l'autre partie une tension électro-négative.

3° La vapeur d'eau, qui se dégage d'un liquide alcalin à base fixe, emporte avec elle de l'électricité négative et laisse au liquide un excès d'électricité positive.

Eh bien! le sang dont la sérosité est un liquide alcalin à base fixe, perd par le poumon, selon les expériences de Dalton et de Seguin, de 18 à 20 onces d'eau par 24 heures.

Notons, avant d'entrer dans les conséquences de détail des trois lois exposées, une conséquence de ces lois intéressant la modalité du sang électrique en général, et partant, des tissus qu'il impressionne.

D'abord, il faut remarquer un fait capital devant dominer ici tous les autres : c'est que l'expiration de de l'acide carbonique et, du reste, aussi celle de la quantité de vapeur d'eau qui l'accompagne, sont des motifs pour que le sang et l'organisme en général perdent par le poumon une certaine quantité d'électricité négative. L'inspiration de l'oxigène sera-t-elle un motif pour qu'il s'échappe en compensation par la même voie de l'électricité positive, ou pour que le sang et l'organisme reprennent à l'atmosphère l'électricité négative perdue ? Non, d'après l'expérience citée de Read; non, d'après la théorie : car, d'un côté, l'oxigène n'était pas combiné, mais n'était que mêlé avec l'azote de l'air qu'il paraît abandonner dans le poumon, et par conséquent n'emporte pas avec lui, comme dans le cas où il se sépare d'une combinaison, un excès d'électricité négative; car d'un autre côté, quand même cet oxigène, en se combinant avec le sang, attire l'électricité positive de ce liquide, cette électricité ne sera pas évacuée dans l'atmosphère, du moment que, selon la loi citée de M. Pouillet, elle se mettra en tension sur l'oxide formé.

En réalité, dès lors, l'organisme aura toujours perdu, sans compensation, une certaine quantité d'électricité négative, et, conséquemment à cela, le sang oxidé et décarbonaté contiendra, après l'inspiration comme après l'expiration, un excès d'électricité positive.

Mais que doit-il se passer dans l'acte de nutrition où les tissus perdent de l'acide carbonique et où ils font, sans doute, une acquisition d'oxigène? Par le premier fait, les tissus prendront un excès d'électricité positive et la communiqueront à leurs nerfs; par le second, au contraire, ils prendront bien de ces nerfs un excès d'électricité positive; mais, notons bien ceci, cette électricité ne passera pas dans le sang; d'après la loi de M. Pouillet, elle se mettra en tension sur les points oxidés; or, cette dernière électricité tendra aussitôt à se recombiner, par voie de continuité, avec l'électricité négative qui avait d'abord été repoussée dans les nerfs (1), de sorte que son effet sera annulé et qu'il ne restera que l'effet électrique de la décomposition animale au premier degré,

(1) C'est ce qui a lieu dans une pile plongeant dans de l'eau ordinaire, au lieu de plonger dans de l'eau acidulée; elle reste sans effet électrique apparent, parce que l'oxide de zinc formé n'étant pas dissous et restant attaché à la plaque de ce nom, recombine immédiatement son électricité positive avec l'électricité négative du couple métallique.

c'est-à-dire à produits acides qui, comme nous l'avons vu, produit une impression électro-positive.

Disons toutefois qu'alors même qu'il y aurait compensation entre les mouvements électriques inverses produits au sein des capillaires généraux dans l'échange des deux corps acide carbonique et oxigène ; malgré cela, comme le sang aurait déjà acquis une tension électro-positive que plus haut nous avons attribuée à ce qu'il se perd, sans compensation de l'électricité négative dans l'acte respiratoire, les nerfs impressionnés recevraient plus d'électricité positive qu'ils ne reçoivent d'électricité négative, et en définitive l'impression sanguine n'en serait pas moins électro-positive.

Entrons maintenant dans les conséquences de détail des lois exposées en tête de ce paragraphe.

Nous savons positivement que le globule brun-rouge devient vermeil au contact de l'oxigène, et qu'alors encore de l'acide carbonique est dégagé; car si ce globule brunit de nouveau, c'est qu'il a reçu de l'acide carbonique. Voilà donc une partie intégrante du sang, le globule, certainement intéressée dans l'acte d'hématose, et par l'abandon de l'acide carbonique et par l'addition de l'oxigène, et ainsi, grâce à ces deux influences, doublement rendue électro-positive : l'acide carbonique, se détachant du globule, lui laissera un excès d'électricité positive, du moment qu'il emporte, lui acide, de l'électricité négative; l'oxigène, se combinant avec ce même globule, provoquera en lui la même tension, comme il la provoque dans un oxide qu'il vient de former.

Mais est-il quelque fait qui prouve que le globule puisse devenir le siége d'une tension électrique ? Oui.

Tourdes (1) a vu des globules frémir, palpiter sous l'influence du galvanisme.

En est-il d'autres qui prouvent que le globule puisse conserver sa tension depuis son départ du poumon jusqu'à son arrivée dans les capillaires généraux? Oui. Haller, Delpech et Coste, Spallanzani, Muller, Heydman, Treviranus, Gruithuisen, etc., ont vu les globules du sang, même d'un sang nouvellement soustrait au corps, s'attirer, se repousser, frémir, palpiter, etc. Du reste, d'un côté, ces attractions et ces répulsions matérielles ne doivent pas étonner, car les globules sont inégalement électrisés, du moment que ceux qui ont été nouvellement formés dans l'acte d'hématose n'ont pas encore été soumis à la soustraction de l'acide carbonique, comme ceux qui préexistaient tout formés dans le sang veineux, mais n'ont été soumis qu'à l'influence de l'oxigène : dès-lors, les uns s'attirent, ce sont ceux qui sont inégalement électrisés ; les autres se repoussent, ce sont ceux qui le sont également. D'un autre côté, l'on ne doit pas s'étonner non plus de la persistance de la tension électrique en question, depuis les poumons jusqu'aux capillaires généraux, si la partie du globule électrisée est un oxide, genre de corps mauvais conducteur, si le globule contient de la matière grasse, autre genre de corps mauvais conducteur; enfin, si le globule électro-positif est tenu en suspension dans un liquide lui-même électro-positif, soit par sa nature alcaline, soit par tension à la suite de la transpiration et de la sécrétion acide pulmonaires.

Ainsi, le globule artériel que nous avons vu devoir

(1) Décade phylosoph., n° 3, an 7, pag. 118.

être électro-positif par sa nature chimique, l'est sûrement d'après les lois d'électro-chimie, par tension accidentelle physique, et cette tension se maintient pour le moins jusqu'à l'arrivée du globule dans les capillaires généraux.

Quant au globule du sang veineux, sang que Bellingeri a reconnu dans ses expériences n'être jamais plus électro-positif que le sang artériel, il semble devoir être, en effet, moins chargé d'électricité positive que le globule de ce dernier, et cela non-seulement parce que dans les capillaires généraux le globule se sera déchargé, au bénéfice des tissus et des conducteurs nerfs, de son électricité positive tensive, mais encore parce qu'il aura reçu un ou plusieurs acides, tout au moins de l'acide carbonique provenant d'une décomposition, c'est-à-dire électro-négatif et par conséquent neutralisateur. Certes, il aura perdu une partie de son oxigène provenant de la décomposition du peroxide hématosique artériel; mais notons, d'après ce qui a été dit dans le paragraphe précédent, où nous avons considéré l'hématosine veineuse comme contenant un mélange de proto-carbonate et de sous-sesqui-carbonate de fer, notons, dis-je, que tout le peroxide artériel ne se sera pas transformé en protoxide pour la formation d'un carbonate de protoxide, puisqu'une partie sera restée peroxide pour la formation d'un sous-sesqui-carbonate de peroxide, tandis que peroxide préexistant et protoxide nouvellement formé seront changés en carbonate, et que dès-lors il y aura plus d'acide carbonique acquis par le globule que d'oxigène perdu par lui. Mais, dira-t-on, le globule artériel n'est donc pas chargé de tout l'oxigène inspiré? non, certes, puisque Schultz [1], Blumenbach [2], Magnus [3], en ont trouvé une notable quantité en dissolution dans le sang. Or, en supposant que celle-ci se combine aussi avec les tissus, ce qui est probable, n'étant pas de l'oxigène dégagé d'une combinaison [4], mais seulement d'une solution, il ne laissera pas au sang qu'il quitte de l'électricité positive. Du reste, y aurait-il compensation d'effets électriques entre la perte d'oxigène et l'acquisition d'acide carbonique faites par le sang des capillaires généraux, il resterait toujours, pour le rendre moins électro-positif que le sang artériel, le fait de la diminution progressive de sa tension électro-positive accidentelle au contact des tissus et surtout au contact des tissus conducteurs, tels que les nerfs.

Maintenant, c'est le cas de le dire ou plutôt de le rappeler après l'avoir dit ailleurs [5], ces nerfs, les nerfs vasculaires, sont tout disposés à s'emparer de cette électricité positive du sang, car, faisant partie d'un système qui, nous l'avons fait voir aussi [6], est *un* et *continu*, et ce système recevant à la périphérie des impressions normales en général électro-négatives, telles que celles de l'air atmosphérique composé de deux gaz éminemment électro-négatifs (oxigène et azote), d'une température plus basse et par conséquent moins électro-positive que celle du sang, et d'une fibre musculaire reconnue

(1) Das System der circulat., p. 58.

(2) Kleine Scriften, p. 71.

(3) Gilbert annalen CXVI, p. 600.

(4) Comme les acides, l'oxigène, quand il provient d'une décomposition, emporte avec lui de l'électricité négative, et alors le corps qu'il abandonne prend de l'électricité positive (M. Pouillet, M. Becquerel.)

(5) Nouvelle théorie de l'action nerveuse, p. 81-85, p. 196-197.

(6) Loco citato, chap. I (de l'unite du système nerveux).

pour être électro-négative par rapport aux nerfs, ces nerfs vasculaires sont certes dans les conditions de conducteurs électrisés positivement d'un côté, négativement de l'autre, dans les conditions d'un pôle de pile galvanique, dans les conditions enfin de l'*excitabilité*.

Concluons que le sang veineux est moins électro-positif que le sang artériel.

Nous venons d'exposer dans ce paragraphe une des preuves les plus imposantes de la qualité électro-positive du sang artériel; elle y démontre, en effet, une tension, une surcharge accidentelle d'électricité, c'est-à-dire un état qui donne à ce liquide la nécessité de transmettre facilement une forte dose du fluide en question aux nerfs des capillaires qu'il impressionne.

IX.

Deux objections peuvent être opposées à la théorie que nous venons d'exposer sur la tension électro-positive du sang artériel.

1° Une première objection serait la théorie de la respiration par Lavoisier qui admettrait que l'oxigène inspiré brûle immédiatement, dans le poumon, le carbone du sang. Certes, dans cette hypothèse, le globule tendrait à devenir électro-positif par l'effet de l'oxidation, s'il restait en lui de l'oxide formé; mais il tendrait à devenir électro-négatif par l'effet de la combustion du carbone; en effet, d'après les expériences de M. Pouillet, l'acide carbonique qui vient de former une combustion de carbone se dégage chargé d'électricité positive, et la partie de carbone non brûlée manifeste au point opposé à celui de la combustion de l'électricité négative; mais, il faut le dire, la théorie de Lavoisier est inadmissible aujourd'hui, en voici les raisons :

D'un côté, il résulte des expériences de Coutanceau, Nysten, Collard de Martigny, Legallois, Davy, Abernethy; W. Edwards, Spallanzani, Provençal, Al. de Humbold, etc., que les animaux auxquels on ne fait inspirer que de l'azote ou tout autre gaz que l'oxigène, n'en expirent pas moins de l'acide carbonique et, chose singulière, en expirent encore plus que s'ils n'avaient inspiré que de l'oxigène. D'un autre côté, si Read a trouvé que l'influence de l'inspiration rendait l'atmosphère électro-négative, il est bien clair, ce nous semble, que l'acide carbonique dont elle se charge doit provenir d'une décomposition et non d'une récente combinaison.

2° La seconde objection serait l'analogue de celle-ci : l'oxigène inspiré peut ne pas brûler le carbone du sang dans les poumons; mais ne peut-il pas, en passant dans les capillaires généraux, y brûler directement le carbone des tissus? Alors, certes, l'acide carbonique provenant d'une récente combinaison, au lieu de laisser aux tissus de l'électricité positive, leur laisserait au contraire de l'électricité négative.

La réponse à cette objection est en partie identique, en partie analogue à celle faite à l'objection précédente.

D'une part, d'après les expériences citées de Coutanceau, Nysten, Collard de Martigny et autres, l'oxigène n'est pas plus nécessaire au dégagement de l'acide carbonique dans les capillaires généraux que dans les capillaires pulmonaires. D'autre part, Bellingeri n'a jamais trouvé le sang veineux plus électro-positif que le sang artériel, tandis qu'il a si souvent trouvé le contraire, qu'il l'a considéré comme la règle.

X.

Nous allons nous résumer sur l'ensemble de nos conclusions.

Si l'expérience atteste que le sang artériel est plus électro-positif que le sang veineux ; si elle atteste que le sang est plus électro-positif dans l'état inflammatoire que dans l'état normal ; si les matériaux nutritifs du sang se transfusent dans les tissus par endosmose ; si le sang agit sur l'incitabilité nerveuse à la manière de la chaleur, des alcalis, de l'électricité positive ; si la température est normalement plus élevée que celle de l'atmosphère ; s'il contient des principes médiats (azote, carbone, hydrogène, oxigène) en proportion telle que le produit de leur combinaison doive être électro-positif ; s'il contient des principes immédiats essentiels (albumine, fibrine, hématosine) dont les plus excitants sont, d'après leur composition et leurs propriétés physiques et chimiques, les plus électro-positifs ; si son principe excitant par excellence (l'hématosine) est, d'après certaines modifications qu'éprouve dans le torrent circulatoire sa nature chimique, plus électro-positif à son maximum qu'à son minimum d'excitement ; enfin, si cet élément et du reste aussi tout le sang ont perdu par des circonstances particulières, de leur électricité négative avant que ne se fasse l'impression nutritive, il doit rester avéré que le liquide en question agit sur le système nerveux de la vie nutritive qu'il impressionne à la manière d'un corps électro-positif.

Maintenant, nous ne ferons que rappeler comment il se fait que l'élément excitant du globule, l'hématosine, ne se combine pas avec les tissus. Nous l'avons dit dans l'ouvrage cité, l'hématosine artérielle se neutralisant dans les capillaires en changeant son oxide en sel, en carbonate, doit s'effacer comme corps électrique attractif et laisser s'assimiler aux tissus, excités par elle à l'assimilation, d'abord l'élément immédiat du globule le plus électro-positif après elle, la fibrine ; ensuite l'albumine et autres produits étrangers au globule.

Nous n'entrerons pas non plus dans des détails au sujet de l'influence de l'électricité du sang sur les nerfs vasculaires. On comprendra que cette influence soit réelle et s'étende, par continuité nerveuse, à tout l'appareil nerveux ; car personne, que nous sachions, n'a nié le pouvoir conducteur des nerfs pour l'électricité ; pourtant rappelons que l'on a nié le pouvoir mauvais conducteur du névrilème par rapport à la pulpe ; et plusieurs savants, entre autres Muller et M. Person, ont admis, en conclusion de certaines de leurs expériences, que l'électricité pénétrant un nerf se dissipait latéralement et restait sans influence notable comme électricité sur les points nerveux éloignés des points impressionnés. Nous avons réfuté les conclusions de ces auteurs dans la *Nouvelle théorie de l'action nerveuse* (1), mais nous n'avons pas produit une preuve expérimentale qui nous paraît convaincante, la voici :

Cavallo (2), Pfaff (3) et M. Humbold (4) ont vu l'électricité galvanique, pénétrant toute la longueur d'un nerf dénudé dans la partie supérieure de son trajet, faire contracter les muscles attenant à ce nerf, quoique

(1) Chap. XV, p. 217, 229.
(2) Complete tseatise on electricity, vol. 3, 1795.
(3) Ouv. sur l'électricité et l'irritabilité animale, p. 30.
(4) Expériences sur le galvanisme, p. 244, trad. franç.

ce nerf et tout le système fussent plongés dans un liquide, tel que l'eau, le mercure, le sang, l'esprit de vin, l'acide muriatique, etc.

Ainsi, si le sang est électrique et si la pulpe nerveuse est un conducteur isolé, on ne pourra pas mettre en doute l'influence électrique de ce sang sur les phénomènes nerveux dont nous avons cherché l'essence dans la nouvelle théorie de l'action nerveuse; et on ne pourra mettre en doute que la prise en considération de cette influence, la plus puissante et la plus étendue de l'économie animale, ne soit une des bases les plus solides d'une doctrine physiologique et médicale.

LA CROIX-ROUSSE (LYON). — IMPRIMERIE DE TH. LÉPAGNEZ.

www.ingramcontent.com/pod-product-compliance
Ingram Content Group UK Ltd.
Pitfield, Milton Keynes, MK11 3LW, UK
UKHW020447220726
13923UKWH00005B/2395